第二辑

纳唐科学问答系列

动物园

[法]德尔芬·戈达尔　[法]克莱尔·梅尼安　著

[法]朱莉·梅西耶　绘

杨晓梅　译

吉林科学技术出版社

Le zoo
ISBN：978-2-09-255882-9
Text: Delphine Godard, Clarie Mégnin
Illustrations: Julie Mercier
Copyright © Editions Nathan, 2015
Simplified Chinese edition © Jilin Science & Technology Publishing House 2021
Simplified Chinese edition arranged through Jack and Bean company
All Rights Reserved

吉林省版权局著作合同登记号：
图字　07-2020-0040

图书在版编目（CIP）数据

动物园 / （法）德尔芬·戈达尔，（法）克莱尔·梅尼安著 ；
杨晓梅译. --长春：吉林科学技术出版社，2023.8
（纳唐科学问答系列）
ISBN 978-7-5744-0362-8

Ⅰ. ①动… Ⅱ. ①德… ②克… ③杨… Ⅲ. ①动物—
儿童读物 Ⅳ. ①Q95-49

中国版本图书馆CIP数据核字(2023)第078877号

纳唐科学问答系列　动物园
NATANG KEXUE WENDA XILIE　DONGWUYUAN

著　　者	[法]德尔芬·戈达尔　　[法]克莱尔·梅尼安
绘　　者	[法]朱莉·梅西耶
译　　者	杨晓梅
出 版 人	宛　霞
责任编辑	郭　廓
封面设计	长春美印图文设计有限公司
制　　版	长春美印图文设计有限公司
幅面尺寸	226 mm×240 mm
开　　本	16
印　　张	2
页　　数	32
字　　数	25千字
印　　数	1-6 000册
版　　次	2023年8月第1版
印　　次	2023年8月第1次印刷

出　　版	吉林科学技术出版社
发　　行	吉林科学技术出版社
地　　址	长春市福祉大路5788号
邮　　编	130118
发行部电话/传真	0431-81629529　81629530　81629531
	81629532　81629533　81629534
储运部电话	0431-86059116
编辑部电话	0431-81629520
印　　刷	吉林省吉广国际广告股份有限公司

书　　号	ISBN 978-7-5744-0362-8
定　　价	35.00元

目录

开门之前

在打开门迎接游客之前，动物园里还有许多准备工作要做。整理笼舍、围场，还要好好照顾动物……

动物园的员工们要做什么？

他们要清理动物的笼舍、窗户的玻璃，把脏稻草运到垃圾站。他们还要确保门窗关好，杜绝动物逃脱的任何可能。

这天晚上发生了什么？

一只狮子的牙碎了。兽医给狮子打了麻醉针，让它睡觉，然后再处理它的碎牙。这样一来，狮子才不会感觉到疼痛。

食物储存在哪里？

在一个大房子里，我们管这里叫"仓库"。

桶里有什么？

食物。不同的动物，食物也不同。有些只需要吃水果和蔬菜，猛兽就需要大块的肉啦！而企鹅最喜欢的当然是鱼！

这些饲养员在干什么？

有时，有些动物宝宝无法独立进食，或者它们的妈妈无法正确地照顾它们。这时，饲养员就要充当一下"临时妈妈"，给动物宝宝喂食。

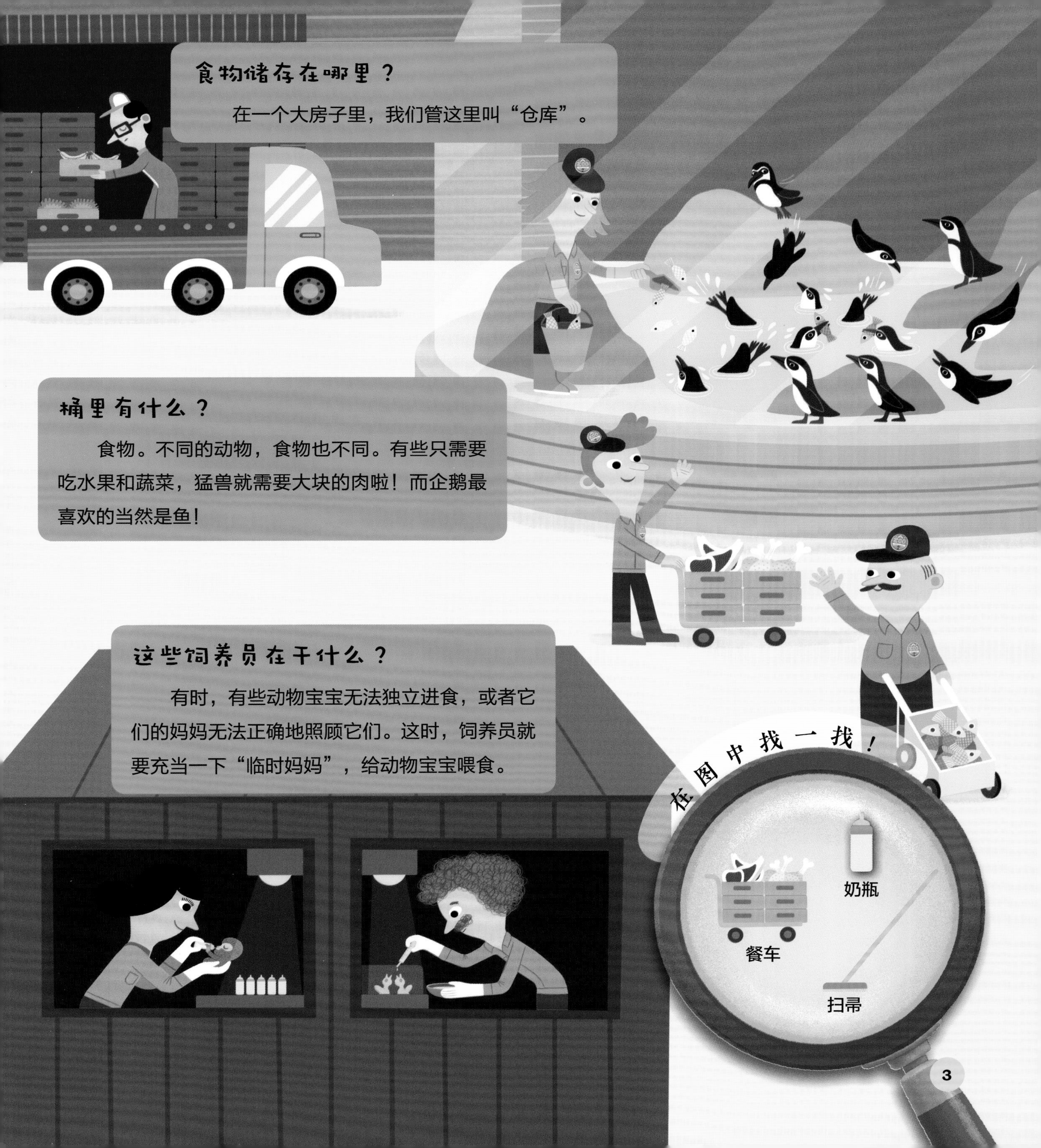

在图中找一找！

奶瓶

餐车

扫帚

3

动物园里需要哪些工作人员

虽然向游客开放的参观时间只有几个小时，但动物们可是24小时都待在动物园里。要保证一切运转顺利，需要许多人的辛勤付出！

动物园里有哪些动物是由谁决定的？

动物园园长。他要确保笼舍里的布置能让动物舒适生活，还要保证满足动物们的各种需求。

兽医的工作是什么？

他要定期检查动物的身体状况。必要时，给动物开药，处理伤口，甚至做手术。

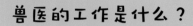

饲养员的工作是什么？

他们要负责笼舍的卫生，动物的喂养，监控它们的行为，尽可能确保动物不受伤……

这位女士是谁？

　　是讲解员。她要为孩子们讲解动物如何生活，它们吃什么，原来生活在哪个国家……

谁来负责日常维护呢？

　　技术工人。他们中间有园丁、电工、建筑工……他们需要团结协作才能维护动物园的良好环境。对动物和游客来说，他们都是不可或缺的！

在图中找一找！

食蚁兽

羊驼

草耙

5

非洲草原动物区

斑马、长颈鹿、角马、犀牛这些大型食草动物在草原区悠闲地生活。它们毫不担心、害怕，因为猛兽全都被关在别的地方！

这些动物晚上在哪儿睡觉？

每天晚上，饲养员会将它们带回睡觉的屋子里。通常，饲养员会在屋子中放上食物，引诱它们进去。

动物之间会打架吗？

这些都是食草动物。饲养员会定期检查它们是否有足够的水和食物，所以它们毫无打架的理由！

为什么犀牛身上全是泥土？

它们喜欢在泥里打滚，这样可以保护皮肤，避免阳光的刺激与蚊虫的叮咬。

为什么这栋楼特别高？

　　因为这是长颈鹿的家。这种动物的身高可以达到6米！它们睡觉时需要特别高的房子。

们的食物都一样吗？

　　虽然它们都是食草动物，但有各自的偏好：长颈鹿喜欢吃叶，角马喜欢吃草……

在图中找一找！

羚羊

斑马

角马

大象的家

大象的体形十分巨大，走起路来慢慢吞吞。不过，它们的长鼻子非常灵巧！

为什么饲养员要给大象洗脚？

每天，饲养员都要用水柱冲洗大象的脚，避免杂物卡在脚上使它们受伤。

兽医在干什么？

他在测体温、抽血、听心跳，检查这头大象有没有生病。

8

为什么有些大象没有象牙？

有些大象生来就没有象牙，有些则是在挖土或拔树时弄断了。

这头大象宝宝是在动物园出生的吗？

是的，当动物在动物园里过得很开心时，它们就愿意生下下一代，如同在大自然中那样。大象宝宝在妈妈的肚子里要待上整整2年！

它出生时有多高？

小象出生时就有1米高，体重约100千克。真是个漂亮又健壮的宝宝！

在图中找一找！

灌木

水盆

听诊器

9

这些大型猛兽有着锋利的爪子和尖牙，十分恐怖！不过，它们的外表威猛又漂亮！

饲养员要如何给猛兽喂食呢？

他要走进猛兽区的安全通道，把生肉放进金属箱中，再将箱子推到外面。这样做大大降低了风险。

猛兽吃什么？

在大自然中，它们是绝对的霸主与猎手。不过在动物园里，饲养员们会给它们牛肉、鸡肉……一般不会给它们活的小动物。

假如有动物受伤了，怎么办？

兽医会给它们注射麻醉剂，避免在治疗时遭到攻击并降低它们的痛苦。

猛兽之间会打架吗？

在大自然中，雄性会互相争斗来捍卫自己的领地。不过在动物园里，这是绝对不会发生的。管理员不会将两只雄性猛兽放在同一个笼舍里。

饲养员可以进入笼舍里吗？

绝对不行！它们是野生动物，非常危险。它们轻轻挥一下爪子，人类就可能会受到重伤。

在图中找一找！

老虎

推车

母狮

11

猴子真调皮

猴子们有的玩耍嬉闹，有的攀爬跳跃，有的互相捉着虱子……小心，千万别太靠近，不然它们可能会抢走你的东西哦！

为什么不把所有猴子放在同一个笼舍里？

在大自然中，这些不同种类的猴子并不在一起生活。另外，黑猩猩这类天生的掠食者很可能会攻击其他猴子。

为什么要给这些西瓜挖洞？

饲养员把食物藏在了里头。这样一来，猴子们要花很多时间找食物，就不会感到无聊啦！

游客可以喂食吗？

不行。饲养员会根据动物的需求来喂食。如果游客再投喂动物，很可能会让它们生病！

红毛猩猩区的这些绳索和柱子有什么作用？

红毛猩猩喜欢在树上生活。这些绳索与柱子可以让它们待在高处，就像原本在大自然中的环境一样。

什么是"猿"？

猿是灵长目下一类动物的统称，大猩猩、红毛猩猩、黑猩猩、倭黑猩猩、长臂猿……不过，野外的这类动物已经濒临灭绝……

在图中找一找！

绳索

西瓜

黑猩猩宝宝

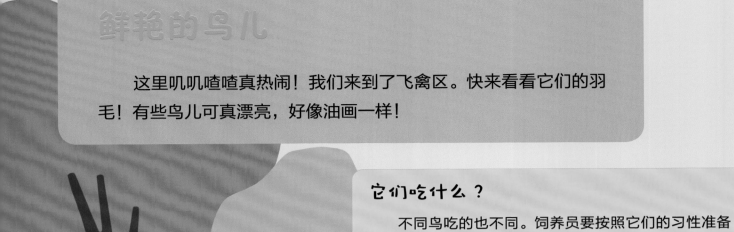

鲜艳的鸟儿

这里叽叽喳喳真热闹！我们来到了飞禽区。快来看看它们的羽毛！有些鸟儿可真漂亮，好像油画一样！

它们吃什么？

不同鸟吃的也不同。饲养员要按照它们的习性准备食物。秃鹫要吃肉，火烈鸟要吃虾，而水果与种子，那是金刚鹦鹉的最爱！

为什么不把所有鸟放在一起？

因为它们来自地球上的不同地区。在动物园，我们要尽量创造出与它们原本生活的地方最相似的环境。

它们什么时间睡觉？

大部分在晚上睡觉，不过有些鸟儿在夜间活动，白天睡觉，比如猫头鹰。

为什么有些区域是全封闭的？

有些鸟儿生活在热带雨林。玻璃或塑料建成的温室可以控制湿度与温度，让它们住得更舒适。

在图中找一找！

猫头鹰

金刚鹦鹉

蜂鸟

迷人的爬行动物

在动物园里，人们将爬行动物放在饲养箱中。箱子里炎热又潮湿，还种植着一些植物。

饲养员如何喂毒蛇？

饲养员用夹子将食物放进饲养箱中。

鳄鱼会逃出来吗？

不会。玻璃护栏足够高，可以保证它们无法逃出来。

为什么蛇所在的爬行动物区很热？

蛇类无法靠自己取暖。它们的体温取决于外部环境的温度。因此，爬行动物区的温度很高。

兽医要如何靠近一条蛇？

饲养员用钩子将蛇抓住，然后用双手将它牢牢固定。这时，兽医就可以毫无顾虑地给它看病了。

动物园兽医了解所有爬行类吗？

兽医可以给许多动物看病。不过，动物的种类实在太多了，区别也很大，所以动物园的兽医有时必须向其他同行求助。

在图中找一找！

乌龟

蜥蜴

夹子

17

在沙漠里，白天特别热，晚上特别冷，水源缺乏，植物罕见。要适应这种极端环境，动物们必须拿出各自的看家本领。

这种可爱的动物是什么？

狐獴。这是一种生活在非洲沙漠中的小型哺乳动物。

这只狐獴为什么要站起来？

在狐獴群中，总有一只"哨兵"，负责察周围是否有危险。动物园里虽然很安全，还是要继续站岗放哨！

为什么它们要刨地？

可能是为了挖洞做巢穴，躲起来睡觉；也可能是为了寻找昆虫或小型啮齿类动物。饲养员们要花不少力气把食物藏起来让它们寻找。

冬天该怎么度过呢？

如果天气很冷，饲养员会将动物们带回屋子里。特别怕冷的动物还可以享受暖气待遇！

为什么这些鬣狗的脖子上有伤痕？

这些是雄性鬣狗。在鬣狗群中，雌性是绝对的领导者。它们会啃咬雄性鬣狗的脖子，展现力量与地位。

在图中找一找！

洞穴

啮齿动物

蜈蚣

19

熊山

　　胖嘟嘟的体形与浓密的皮毛让它们看上去憨态可掬，可爱极了！好像一个巨型毛绒玩具！不过棕熊的力量大得可怕，而且动作十分敏捷！

为什么熊总是慢慢吞吞的？

　　它们走路的步伐很沉重，这是因为熊是跖行动物，也就是说后脚掌要完全着地。不过，它们奔跑起来速度可以达到50千米/时。

棕熊吃什么？

　　它们是杂食动物，什么都吃。根茎、浆果、干果、苔藓、鱼、毛毛虫……

为什么不把北极熊与棕熊放在一起？

这两种熊的生活习性完全不同。北极熊生活在冰天雪地里，而棕熊则生活在森林里。

在图中找一找！

鱼

胡萝卜

树干

棕熊一年到头都在外面活动吗？

在大自然中，这些熊要冬眠。中途有时醒来去吃点东西、上个厕所，然后再继续去睡。在动物园里，人们希望尽量还原它们的野外生活，会特意搭建一些洞穴让它们可以冬眠。

考拉

这群动物生活在世界的另一端——澳大利亚。原本只有在那里，我们才能遇到考拉。因此，能在动物园里看到它们，实在太幸运了！

为什么母考拉肚子上有个袋子？

考拉宝宝只会在妈妈的子宫里待35天。出生时，它们的个头很小很小。妈妈的育儿袋可以遮风避雨，让它们继续发育、成长。

为什么考拉总是在睡觉？

考拉每天要睡20小时。因为它们只以桉树叶为食，获取的能量很少。

动物园里的考拉吃什么？

饲养员每天都会给它们新鲜的桉树叶。有些动物园自己种植桉树，有些则需要购买。

不是的。现在，法律已经禁止在大自然里捕捉动物。我们在动物园里看到的动物都是在世界各地动物园里繁育出来的。

这些深棕色的鸟不会飞走吗？

不会，它们是鸸鹋。与鸵鸟一样，这种鸟由于翅膀退化，无法飞行。不过，它们奔跑的速度特别快！

在图中找一找！

饲料槽

考拉宝宝

鸸鹋宝宝

23

全世界最古老的动物园是奥地利的美泉宫动物园。它从1752年开始接待游客，距今已有250多年了。

为了让宾客们大开眼界，法国国王路易十四在凡尔赛宫里建造了一座小型动物园。当时甚至饲养了一头大象和一匹骆驼！在法国大革命之后，这里被永久地关闭了。

纽约布朗克斯动物园为了猴子与其他灵长类动物，专门兴建了一片人工热带雨林。

布朗克斯动物园

在新加坡动物园，游客可以夜间参观。这里的灯光经过特殊设计，像月亮一样，让我们可以在深夜观察动物。

美国圣地亚哥动物园种植了一大片桉树林，让考拉们天天大饱口福。

巴黎文森纳动物园建于1934年，经过3年的翻新工程，于2014年重新开放。维修期间，这里的所有动物都迁走了，只有长颈鹿除外！

为什么兽医要检查马蹄？

这匹马走起来一瘸一拐。兽医要检查是否有石子卡在马蹄里。

动物知道如何表达自己病了吗？

动物不会说话，兽医通过观察它们的行为，可以了解它们的健康状况。

如何才能知道动物生病了？

每个饲养员对自己照顾的动物都了如指掌。只要他们发现哪儿不对劲，就会立刻通知兽医。

如何防止小猪们生病？

　　作好防寒、保暖工作。要给幼仔猪饲喂适口性好、营养丰富、易于消化的饲料。注意小猪们的疫病防治，按时定期注射疫病防治疫苗，预防猪传染病的发生，确保小猪健康生长。

饲养蜗牛需要注意什么？

　　饲养蜗牛的玻璃缸里至少有5厘米深的泥土，而且蜗牛喜欢潮湿阴暗的环境，室温保持在25℃。平时可以给蜗牛放一些蔬菜叶、水果片。同时在玻璃缸里也可以放一些草或者树枝，让蜗牛生活环境更好。

如何才能给袋鼠看病？

　　首先，要先把袋鼠抓住。图中这只袋鼠得了一种唾液分泌太多的病，会阻碍它进食。为了把药放进它嘴里，兽医要使用一种类似牙刷的长刷子。

饲养箱里的蛇要吃什么？

蛇可以吃老鼠。大型蛇有时要吃兔子。

为什么小牛全身湿漉漉？

因为在妈妈的肚子里，小牛生活在充满液体的子宫中。子宫中的液体可以保护小牛，避免它受到撞击。

动物园的员工们要做什么？

他们要清理动物的笼舍，把脏稻草运到垃圾站。他们还要确保门窗关好，杜绝动物逃脱的任何可能。

为什么犀牛身上全是泥土？

它们喜欢在泥里打滚，这样可以保护皮肤，避免阳光的刺激与蚊虫的叮咬。

饲养员在干什么？

饲养员要充当一下"临时妈妈"，给动物宝宝喂食。

鳄鱼会逃出来吗？

不会。玻璃护栏足够高，可以保证它们无法逃出来。

为什么饲养员要给大象洗脚？

每天，饲养员都要用水柱冲洗大象的脚，避免杂物卡在脚上使它们受伤。

棕熊吃什么？

它们是杂食动物，什么都吃。根茎、浆果、鱼、干果、苔藓、毛毛虫……

饲养员的工作是什么？

他们要负责笼舍的卫生，动物的喂养，监控它们的行为，尽可能确保动物不受伤……